Dieses Heft gehört:

____

Name:_______________________________

Personalnummer:_______________________________

Kalenderwoche: Monat: Jahr:

Tag & Datum	Arbeits-beginn	Arbeits-ende	Pause(n)	Arbeits-zeit	Über-stunden
Montag					
Dienstag					
Mittwoch					
Donnerstag					
Freitag					
Samstag					
Sonntag					
			Gesamtzeit:		

_______________________   _______________________
Unterschrift Arbeitgeber   Unterschrift Arbeitnehmer

Notizen / Bemerkungen:_______________________________

____

*K = Krankheit   *U = Urlaub   *UU = unbezahlter Urlaub
*SA = Stundenweise abwesend   *SU = Stundenweise Urlaub   *F = Feiertag

Name: _______________________

Personalnummer: _______________________

Kalenderwoche: **Monat:**   **Jahr:**

Tag & Datum	Arbeits-beginn	Arbeits-ende	Pause(n)	Arbeits-zeit	Über-stunden
Montag					
Dienstag					
Mittwoch					
Donnerstag					
Freitag					
Samstag					
Sonntag					
			Gesamtzeit:		

____

Unterschrift Arbeitgeber

____

Unterschrift Arbeitnehmer

Notizen / Bemerkungen: _______________________

____

*K = Krankheit   *U = Urlaub   *UU = unbezahlter Urlaub
*SA = Stundenweise abwesend   *SU = Stundenweise Urlaub   *F = Feiertag

Name:_______________________________________

Personalnummer:_______________________________

Kalenderwoche: Monat: Jahr:

Tag & Datum	Arbeits-beginn	Arbeits-ende	Pause(n)	Arbeits-zeit	Über-stunden
Montag					
Dienstag					
Mittwoch					
Donnerstag					
Freitag					
Samstag					
Sonntag					
			Gesamtzeit:		

____

Unterschrift Arbeitgeber

____

Unterschrift Arbeitnehmer

Notizen / Bemerkungen: _______________________________________

____

*K = Krankheit
*SA = Stundenweise abwesend
*U = Urlaub
*SU = Stundenweise Urlaub
*UU = unbezahlter Urlaub
*F = Feiertag

Name:______________________________

Personalnummer:______________________

Kalenderwoche: Monat: Jahr:

Tag & Datum	Arbeits- beginn	Arbeits- ende	Pause(n)	Arbeits- zeit	Über- stunden
Montag					
Dienstag					
Mittwoch					
Donnerstag					
Freitag					
Samstag					
Sonntag					
			Gesamtzeit:		

______________________   ______________________
Unterschrift Arbeitgeber   Unterschrift Arbeitnehmer

Notizen / Bemerkungen:______________________________________

____

*K = Krankheit   *U = Urlaub   *UU = unbezahlter Urlaub
*SA = Stundenweise abwesend   *SU = Stundenweise Urlaub   *F = Feiertag

Name: _______________________________

Personalnummer: _______________________

Kalenderwoche: ________ **Monat:** ________ **Jahr:** ________

Tag & Datum	Arbeits-beginn	Arbeits-ende	Pause(n)	Arbeits-zeit	Über-stunden
Montag					
Dienstag					
Mittwoch					
Donnerstag					
Freitag					
Samstag					
Sonntag					
			Gesamtzeit:		

____
Unterschrift Arbeitgeber

____
Unterschrift Arbeitnehmer

Notizen / Bemerkungen: _________________________________

____

*K = Krankheit   *U = Urlaub   *UU = unbezahlter Urlaub
*SA = Stundenweise abwesend   *SU = Stundenweise Urlaub   *F = Feiertag

Name: _______________________________

Personalnummer: _______________________________

Kalenderwoche: **Monat:**   **Jahr:**

Tag & Datum	Arbeits-beginn	Arbeits-ende	Pause(n)	Arbeits-zeit	Über-stunden
Montag					
Dienstag					
Mittwoch					
Donnerstag					
Freitag					
Samstag					
Sonntag					
			Gesamtzeit:		

_______________________________   _______________________________

Unterschrift Arbeitgeber   Unterschrift Arbeitnehmer

Notizen / Bemerkungen: _______________________________

____

*K = Krankheit   *U = Urlaub   *UU = unbezahlter Urlaub
*SA = Stundenweise abwesend   *SU = Stundenweise Urlaub   *F = Feiertag

Kalenderwoche: **Monat:**   **Jahr:**

Tag & Datum	Arbeits-beginn	Arbeits-ende	Pause(n)	Arbeits-zeit	Über-stunden
Montag					
Dienstag					
Mittwoch					
Donnerstag					
Freitag					
Samstag					
Sonntag					
			Gesamtzeit:		

_______________________   _______________________
Unterschrift Arbeitgeber   Unterschrift Arbeitnehmer

Notizen / Bemerkungen:_______________________________________

____

*K = Krankheit   *U = Urlaub   *UU = unbezahlter Urlaub
*SA = Stundenweise abwesend   *SU = Stundenweise Urlaub   *F = Feiertag

Name:_______________________________________

Personalnummer:_______________________________

Kalenderwoche: Monat: Jahr:

Tag & Datum	Arbeits-beginn	Arbeits-ende	Pause(n)	Arbeits-zeit	Über-stunden
Montag					
Dienstag					
Mittwoch					
Donnerstag					
Freitag					
Samstag					
Sonntag					
			Gesamtzeit:		

____

Unterschrift Arbeitgeber

____

Unterschrift Arbeitnehmer

Notizen / Bemerkungen:_______________________________

____

*K = Krankheit
*SA = Stundenweise abwesend

*U = Urlaub
*SU = Stundenweise Urlaub

*UU = unbezahlter Urlaub
*F = Feiertag

Name: _______________________________

Personalnummer: _______________________________

Kalenderwoche: **Monat:**   **Jahr:**

Tag & Datum	Arbeits-beginn	Arbeits-ende	Pause(n)	Arbeits-zeit	Über-stunden
Montag					
Dienstag					
Mittwoch					
Donnerstag					
Freitag					
Samstag					
Sonntag					
			Gesamtzeit:		

____
Unterschrift Arbeitgeber

____
Unterschrift Arbeitnehmer

Notizen/Bemerkungen: _______________________________

____

*K = Krankheit
*SA = Stundenweise abwesend
*U = Urlaub
*SU = Stundenweise Urlaub
*UU = unbezahlter Urlaub
*F = Feiertag

Name:____________________________________

Personalnummer:____________________________

Kalenderwoche: Monat: Jahr:

Tag & Datum	Arbeits-beginn	Arbeits-ende	Pause(n)	Arbeits-zeit	Über-stunden
Montag					
Dienstag					
Mittwoch					
Donnerstag					
Freitag					
Samstag					
Sonntag					
			Gesamtzeit:		

_______________________   _______________________
Unterschrift Arbeitgeber   Unterschrift Arbeitnehmer

Notizen / Bemerkungen:____

____

*K = Krankheit   *U = Urlaub   *UU = unbezahlter Urlaub
*SA = Stundenweise abwesend   *SU = Stundenweise Urlaub   *F = Feiertag

Name:______________________________

Personalnummer:______________________________

Kalenderwoche: **Monat:**   **Jahr:**

Tag & Datum	Arbeits-beginn	Arbeits-ende	Pause(n)	Arbeits-zeit	Über-stunden
Montag					
Dienstag					
Mittwoch					
Donnerstag					
Freitag					
Samstag					
Sonntag					
			Gesamtzeit:		

____

Unterschrift Arbeitgeber

____

Unterschrift Arbeitnehmer

Notizen / Bemerkungen:______________________________

____

*K = Krankheit   *U = Urlaub   *UU = unbezahlter Urlaub
*SA = Stundenweise abwesend   *SU = Stundenweise Urlaub   *F = Feiertag

Name:____

Personalnummer:______________________________________

Kalenderwoche: Monat: Jahr:

Tag & Datum	Arbeits-beginn	Arbeits-ende	Pause(n)	Arbeits-zeit	Über-stunden
Montag					
Dienstag					
Mittwoch					
Donnerstag					
Freitag					
Samstag					
Sonntag					
			Gesamtzeit:		

____

Unterschrift Arbeitgeber

____

Unterschrift Arbeitnehmer

Notizen / Bemerkungen:______________________________________

____

*K = Krankheit   *U = Urlaub   *UU = unbezahlter Urlaub
*SA = Stundenweise abwesend   *SU = Stundenweise Urlaub   *F = Feiertag

Name:______________________________

Personalnummer:______________________________

Kalenderwoche: _______ Monat: _______ Jahr: _______

Tag & Datum	Arbeits-beginn	Arbeits-ende	Pause(n)	Arbeits-zeit	Über-stunden
Montag					
Dienstag					
Mittwoch					
Donnerstag					
Freitag					
Samstag					
Sonntag					
			Gesamtzeit:		

____
Unterschrift Arbeitgeber

____
Unterschrift Arbeitnehmer

Notizen / Bemerkungen: _______________________________________

____

*K = Krankheit
*SA = Stundenweise abwesend
*U = Urlaub
*SU = Stundenweise Urlaub
*UU = unbezahlter Urlaub
*F = Feiertag

Name: _______________________________________

Personalnummer: _______________________________

Kalenderwoche: **Monat:**   **Jahr:**

Tag & Datum	Arbeits-beginn	Arbeits-ende	Pause(n)	Arbeits-zeit	Über-stunden
Montag					
Dienstag					
Mittwoch					
Donnerstag					
Freitag					
Samstag					
Sonntag					
			Gesamtzeit:		

_______________________________   _______________________________
Unterschrift Arbeitgeber   Unterschrift Arbeitnehmer

Notizen / Bemerkungen: ____

____

*K = Krankheit   *U = Urlaub   *UU = unbezahlter Urlaub
*SA = Stundenweise abwesend   *SU = Stundenweise Urlaub   *F = Feiertag

Name:_______________________________

Personalnummer:_______________________________

Kalenderwoche: **Monat:**   **Jahr:**

Tag & Datum	Arbeits-beginn	Arbeits-ende	Pause(n)	Arbeits-zeit	Über-stunden
Montag					
Dienstag					
Mittwoch					
Donnerstag					
Freitag					
Samstag					
Sonntag					
			Gesamtzeit:		

____

Unterschrift Arbeitgeber

____

Unterschrift Arbeitnehmer

Notizen / Bemerkungen:_______________________________

____

*K = Krankheit
*SA = Stundenweise abwesend

*U = Urlaub
*SU = Stundenweise Urlaub

*UU = unbezahlter Urlaub
*F = Feiertag

Name:_______________________________

Personalnummer:_______________________

Kalenderwoche: **Monat:**   **Jahr:**

Tag & Datum	Arbeits-beginn	Arbeits-ende	Pause(n)	Arbeits-zeit	Über-stunden
Montag					
Dienstag					
Mittwoch					
Donnerstag					
Freitag					
Samstag					
Sonntag					
			Gesamtzeit:		

____

Unterschrift Arbeitgeber

____

Unterschrift Arbeitnehmer

Notizen / Bemerkungen:________________________________

____

*K = Krankheit
*SA = Stundenweise abwesend
*U = Urlaub
*SU = Stundenweise Urlaub
*UU = unbezahlter Urlaub
*F = Feiertag

Name: ____

Personalnummer: _____________________________________

Kalenderwoche: **Monat:**   **Jahr:**

Tag & Datum	Arbeits-beginn	Arbeits-ende	Pause(n)	Arbeits-zeit	Über-stunden
Montag					
Dienstag					
Mittwoch					
Donnerstag					
Freitag					
Samstag					
Sonntag					
			Gesamtzeit:		

____
Unterschrift Arbeitgeber

____
Unterschrift Arbeitnehmer

Notizen / Bemerkungen: _______________________________

____

*K = Krankheit
*SA = Stundenweise abwesend
*U = Urlaub
*SU = Stundenweise Urlaub
*UU = unbezahlter Urlaub
*F = Feiertag

Name:_______________________________

Personalnummer:_______________________

Kalenderwoche: Monat: Jahr:

Tag & Datum	Arbeits-beginn	Arbeits-ende	Pause(n)	Arbeits-zeit	Über-stunden
Montag					
Dienstag					
Mittwoch					
Donnerstag					
Freitag					
Samstag					
Sonntag					
			Gesamtzeit:		

_______________________   _______________________
Unterschrift Arbeitgeber   Unterschrift Arbeitnehmer

Notizen / Bemerkungen:_______________________________________

____

*K = Krankheit   *U = Urlaub   *UU = unbezahlter Urlaub
*SA = Stundenweise abwesend   *SU = Stundenweise Urlaub   *F = Feiertag

Name:_______________________________

Personalnummer:_______________________________

Kalenderwoche: **Monat:**   **Jahr:**

Tag & Datum	Arbeits-beginn	Arbeits-ende	Pause(n)	Arbeits-zeit	Über-stunden
Montag					
Dienstag					
Mittwoch					
Donnerstag					
Freitag					
Samstag					
Sonntag					
			Gesamtzeit:		

____

Unterschrift Arbeitgeber

____

Unterschrift Arbeitnehmer

Notizen / Bemerkungen:
____

____

*K = Krankheit   *U = Urlaub   *UU = unbezahlter Urlaub
*SA = Stundenweise abwesend   *SU = Stundenweise Urlaub   *F = Feiertag

Name:_______________________________________

Personalnummer:_____________________________

Kalenderwoche: Monat: Jahr:

Tag & Datum	Arbeits-beginn	Arbeits-ende	Pause(n)	Arbeits-zeit	Über-stunden
Montag					
Dienstag					
Mittwoch					
Donnerstag					
Freitag					
Samstag					
Sonntag					
			Gesamtzeit:		

______________________   ______________________
Unterschrift Arbeitgeber   Unterschrift Arbeitnehmer

Notizen / Bemerkungen:____

____

*K = Krankheit   *U = Urlaub   *UU = unbezahlter Urlaub
*SA = Stundenweise abwesend   *SU = Stundenweise Urlaub   *F = Feiertag

Name: _______________________________

Personalnummer: _______________________________

Kalenderwoche: **Monat:**   **Jahr:**

Tag & Datum	Arbeits-beginn	Arbeits-ende	Pause(n)	Arbeits-zeit	Über-stunden
Montag					
Dienstag					
Mittwoch					
Donnerstag					
Freitag					
Samstag					
Sonntag					
			Gesamtzeit:		

_______________________   _______________________

Unterschrift Arbeitgeber   Unterschrift Arbeitnehmer

Notizen / Bemerkungen: _______________________________

____

*K = Krankheit   *U = Urlaub   *UU = unbezahlter Urlaub
*SA = Stundenweise abwesend   *SU = Stundenweise Urlaub   *F = Feiertag

Name:

Personalnummer:

Kalenderwoche: Monat: Jahr:

Tag & Datum	Arbeits-beginn	Arbeits-ende	Pause(n)	Arbeits-zeit	Über-stunden
Montag					
Dienstag					
Mittwoch					
Donnerstag					
Freitag					
Samstag					
Sonntag					
			Gesamtzeit:		

____
Unterschrift Arbeitgeber

____
Unterschrift Arbeitnehmer

Notizen / Bemerkungen:

*K = Krankheit
*SA = Stundenweise abwesend

*U = Urlaub
*SU = Stundenweise Urlaub

*UU = unbezahlter Urlaub
*F = Feiertag

Kalenderwoche: **Monat:**   **Jahr:**

Tag & Datum	Arbeits-beginn	Arbeits-ende	Pause(n)	Arbeits-zeit	Über-stunden
Montag					
Dienstag					
Mittwoch					
Donnerstag					
Freitag					
Samstag					
Sonntag					
			Gesamtzeit:		

____

Unterschrift Arbeitgeber

____

Unterschrift Arbeitnehmer

Notizen / Bemerkungen:
____

____

*K = Krankheit   *U = Urlaub   *UU = unbezahlter Urlaub
*SA = Stundenweise abwesend   *SU = Stundenweise Urlaub   *F = Feiertag

Name:________________________________

Personalnummer:________________________________

Kalenderwoche: Monat: Jahr:

Tag & Datum	Arbeits-beginn	Arbeits-ende	Pause(n)	Arbeits-zeit	Über-stunden
Montag					
Dienstag					
Mittwoch					
Donnerstag					
Freitag					
Samstag					
Sonntag					
			Gesamtzeit:		

___________________________   ___________________________

Unterschrift Arbeitgeber   Unterschrift Arbeitnehmer

Notizen / Bemerkungen:________________________________

____

*K = Krankheit   *U = Urlaub   *UU = unbezahlter Urlaub
*SA = Stundenweise abwesend   *SU = Stundenweise Urlaub   *F = Feiertag

Name: ____

Personalnummer: ___________________________________

Kalenderwoche: **Monat:**   **Jahr:**

Tag & Datum	Arbeits-beginn	Arbeits-ende	Pause(n)	Arbeits-zeit	Über-stunden
Montag					
Dienstag					
Mittwoch					
Donnerstag					
Freitag					
Samstag					
Sonntag					
			Gesamtzeit:		

_______________________________   _______________________________
Unterschrift Arbeitgeber   Unterschrift Arbeitnehmer

Notizen / Bemerkungen: ____

____

*K = Krankheit   *U = Urlaub   *UU = unbezahlter Urlaub
*SA = Stundenweise abwesend   *SU = Stundenweise Urlaub   *F = Feiertag

Name:_______________________________________

Personalnummer:_____________________________

Kalenderwoche: Monat: Jahr:

Tag & Datum	Arbeits-beginn	Arbeits-ende	Pause(n)	Arbeits-zeit	Über-stunden
Montag					
Dienstag					
Mittwoch					
Donnerstag					
Freitag					
Samstag					
Sonntag					
			Gesamtzeit:		

____

Unterschrift Arbeitgeber

____

Unterschrift Arbeitnehmer

Notizen / Bemerkungen:____

____

*K = Krankheit   *U = Urlaub   *UU = unbezahlter Urlaub
*SA = Stundenweise abwesend   *SU = Stundenweise Urlaub   *F = Feiertag

Name: _______________________________

Personalnummer: _______________________________

Kalenderwoche: ______ **Monat:** ______ **Jahr:** ______

Tag & Datum	Arbeits-beginn	Arbeits-ende	Pause(n)	Arbeits-zeit	Über-stunden
Montag					
Dienstag					
Mittwoch					
Donnerstag					
Freitag					
Samstag					
Sonntag					
			Gesamtzeit:		

____
Unterschrift Arbeitgeber

____
Unterschrift Arbeitnehmer

Notizen / Bemerkungen: _______________________________

____

*K = Krankheit
*SA = Stundenweise abwesend
*U = Urlaub
*SU = Stundenweise Urlaub
*UU = unbezahlter Urlaub
*F = Feiertag

Name:_______________________________

Personalnummer:_______________________________

Kalenderwoche:　　　　**Monat:**　　　　**Jahr:**

Tag & Datum	Arbeits-beginn	Arbeits-ende	Pause(n)	Arbeits-zeit	Über-stunden
Montag					
Dienstag					
Mittwoch					
Donnerstag					
Freitag					
Samstag					
Sonntag					
			Gesamtzeit:		

____
Unterschrift Arbeitgeber

____
Unterschrift Arbeitnehmer

Notizen / Bemerkungen:_______________________________

____

*K = Krankheit　　　　*U = Urlaub　　　　*UU = unbezahlter Urlaub
*SA = Stundenweise abwesend　　　　*SU = Stundenweise Urlaub　　　　*F = Feiertag

Name:________________________________

Personalnummer:________________________________

Kalenderwoche: **Monat:**   **Jahr:**

Tag & Datum	Arbeits-beginn	Arbeits-ende	Pause(n)	Arbeits-zeit	Über-stunden
Montag					
Dienstag					
Mittwoch					
Donnerstag					
Freitag					
Samstag					
Sonntag					
			Gesamtzeit:		

____
Unterschrift Arbeitgeber

____
Unterschrift Arbeitnehmer

Notizen / Bemerkungen: ________________________

____

*K = Krankheit   *U = Urlaub   *UU = unbezahlter Urlaub
*SA = Stundenweise abwesend   *SU = Stundenweise Urlaub   *F = Feiertag

Name: _______________________________

Personalnummer: _______________________________

Kalenderwoche: **Monat:**   **Jahr:**

Tag & Datum	Arbeits-beginn	Arbeits-ende	Pause(n)	Arbeits-zeit	Über-stunden
Montag					
Dienstag					
Mittwoch					
Donnerstag					
Freitag					
Samstag					
Sonntag					
			Gesamtzeit:		

____
Unterschrift Arbeitgeber

____
Unterschrift Arbeitnehmer

Notizen / Bemerkungen: _______________________________

____

*K = Krankheit   *U = Urlaub   *UU = unbezahlter Urlaub
*SA = Stundenweise abwesend   *SU = Stundenweise Urlaub   *F = Feiertag

Name: _______________________________________

Personalnummer: _______________________________

Kalenderwoche: _______ **Monat:** _______ **Jahr:** _______

Tag & Datum	Arbeits-beginn	Arbeits-ende	Pause(n)	Arbeits-zeit	Über-stunden
Montag					
Dienstag					
Mittwoch					
Donnerstag					
Freitag					
Samstag					
Sonntag					
			Gesamtzeit:		

____
Unterschrift Arbeitgeber

____
Unterschrift Arbeitnehmer

Notizen / Bemerkungen: _______________________________

____

*K = Krankheit
*SA = Stundenweise abwesend
*U = Urlaub
*SU = Stundenweise Urlaub
*UU = unbezahlter Urlaub
*F = Feiertag

Name:____

Personalnummer:_____________________________________

Kalenderwoche: Monat: Jahr:

Tag & Datum	Arbeits-beginn	Arbeits-ende	Pause(n)	Arbeits-zeit	Über-stunden
Montag					
Dienstag					
Mittwoch					
Donnerstag					
Freitag					
Samstag					
Sonntag					
			Gesamtzeit:		

______________________________   ______________________________
Unterschrift Arbeitgeber   Unterschrift Arbeitnehmer

Notizen / Bemerkungen:____

____

*K = Krankheit   *U = Urlaub   *UU = unbezahlter Urlaub
*SA = Stundenweise abwesend   *SU = Stundenweise Urlaub   *F = Feiertag

Name: _______________________________

Personalnummer: _______________________________

Kalenderwoche: **Monat:**   **Jahr:**

Tag & Datum	Arbeits-beginn	Arbeits-ende	Pause(n)	Arbeits-zeit	Über-stunden
Montag					
Dienstag					
Mittwoch					
Donnerstag					
Freitag					
Samstag					
Sonntag					
			Gesamtzeit:		

____

Unterschrift Arbeitgeber

____

Unterschrift Arbeitnehmer

Notizen / Bemerkungen: _______________________________

____

*K = Krankheit
*SA = Stundenweise abwesend

*U = Urlaub
*SU = Stundenweise Urlaub

*UU = unbezahlter Urlaub
*F = Feiertag

Name: _______________________________

Personalnummer: _______________________________

Kalenderwoche: ___________   **Monat:** ___________   **Jahr:** ___________

Tag & Datum	Arbeits-beginn	Arbeits-ende	Pause(n)	Arbeits-zeit	Über-stunden
Montag					
Dienstag					
Mittwoch					
Donnerstag					
Freitag					
Samstag					
Sonntag					
			Gesamtzeit:		

_______________________________   _______________________________

Unterschrift Arbeitgeber   Unterschrift Arbeitnehmer

Notizen / Bemerkungen: _______________________________

____

*K = Krankheit   *U = Urlaub   *UU = unbezahlter Urlaub
*SA = Stundenweise abwesend   *SU = Stundenweise Urlaub   *F = Feiertag

Name: ___________________________

Personalnummer: ___________________________

Kalenderwoche: **Monat:**   **Jahr:**

Tag & Datum	Arbeits-beginn	Arbeits-ende	Pause(n)	Arbeits-zeit	Über-stunden
Montag					
Dienstag					
Mittwoch					
Donnerstag					
Freitag					
Samstag					
Sonntag					
			Gesamtzeit:		

____

Unterschrift Arbeitgeber   Unterschrift Arbeitnehmer

Notizen / Bemerkungen: ___________________________

____

*K = Krankheit   *U = Urlaub   *UU = unbezahlter Urlaub
*SA = Stundenweise abwesend   *SU = Stundenweise Urlaub   *F = Feiertag

Name:____

Personalnummer:_______________________________

Kalenderwoche: **Monat:**   **Jahr:**

Tag & Datum	Arbeits-beginn	Arbeits-ende	Pause(n)	Arbeits-zeit	Über-stunden
Montag					
Dienstag					
Mittwoch					
Donnerstag					
Freitag					
Samstag					
Sonntag					
			Gesamtzeit:		

_______________________   _______________________

Unterschrift Arbeitgeber   Unterschrift Arbeitnehmer

Notizen / Bemerkungen:
____

____

*K = Krankheit   *U = Urlaub   *UU = unbezahlter Urlaub
*SA = Stundenweise abwesend   *SU = Stundenweise Urlaub   *F = Feiertag

Name: _______________________________

Personalnummer: _______________________________

Kalenderwoche: **Monat:**   **Jahr:**

Tag & Datum	Arbeits- beginn	Arbeits- ende	Pause(n)	Arbeits- zeit	Über- stunden
Montag					
Dienstag					
Mittwoch					
Donnerstag					
Freitag					
Samstag					
Sonntag					
			Gesamtzeit:		

____

Unterschrift Arbeitgeber

____

Unterschrift Arbeitnehmer

Notizen / Bemerkungen: _______________________________

____

*K = Krankheit   *U = Urlaub   *UU = unbezahlter Urlaub
*SA = Stundenweise abwesend   *SU = Stundenweise Urlaub   *F = Feiertag

Name: ____

Personalnummer: _________________________________

Kalenderwoche: **Monat:**   **Jahr:**

Tag & Datum	Arbeits-beginn	Arbeits-ende	Pause(n)	Arbeits-zeit	Über-stunden
Montag					
Dienstag					
Mittwoch					
Donnerstag					
Freitag					
Samstag					
Sonntag					
			Gesamtzeit:		

_______________________   _______________________
Unterschrift Arbeitgeber   Unterschrift Arbeitnehmer

Notizen / Bemerkungen: ____

____

*K = Krankheit   *U = Urlaub   *UU = unbezahlter Urlaub
*SA = Stundenweise abwesend   *SU = Stundenweise Urlaub   *F = Feiertag

Name:____

Personalnummer:___________________________________

Kalenderwoche: Monat: Jahr:

Tag & Datum	Arbeits-beginn	Arbeits-ende	Pause(n)	Arbeits-zeit	Über-stunden
Montag					
Dienstag					
Mittwoch					
Donnerstag					
Freitag					
Samstag					
Sonntag					
			Gesamtzeit:		

___________________________   ___________________________
Unterschrift Arbeitgeber   Unterschrift Arbeitnehmer

Notizen / Bemerkungen:____

____

*K = Krankheit   *U = Urlaub   *UU = unbezahlter Urlaub
*SA = Stundenweise abwesend *SU = Stundenweise Urlaub *F = Feiertag

Name: _______________________

Personalnummer: _______________________

Kalenderwoche: **Monat:**   **Jahr:**

Tag & Datum	Arbeits-beginn	Arbeits-ende	Pause(n)	Arbeits-zeit	Über-stunden
Montag					
Dienstag					
Mittwoch					
Donnerstag					
Freitag					
Samstag					
Sonntag					
			Gesamtzeit:		

____
Unterschrift Arbeitgeber

____
Unterschrift Arbeitnehmer

Notizen / Bemerkungen: _______________________

____

*K = Krankheit
*SA = Stundenweise abwesend
*U = Urlaub
*SU = Stundenweise Urlaub
*UU = unbezahlter Urlaub
*F = Feiertag

Name:______________________________

Personalnummer:______________________________

Kalenderwoche: ___________ Monat: ___________ Jahr: ___________

Tag & Datum	Arbeits-beginn	Arbeits-ende	Pause(n)	Arbeits-zeit	Über-stunden
Montag					
Dienstag					
Mittwoch					
Donnerstag					
Freitag					
Samstag					
Sonntag					
			Gesamtzeit:		

____
Unterschrift Arbeitgeber

____
Unterschrift Arbeitnehmer

Notizen / Bemerkungen: ______________________________

____

*K = Krankheit *U = Urlaub *UU = unbezahlter Urlaub
*SA = Stundenweise abwesend *SU = Stundenweise Urlaub *F = Feiertag

Name:_______________________________________

Personalnummer:_______________________________

Kalenderwoche: Monat: Jahr:

Tag & Datum	Arbeits-beginn	Arbeits-ende	Pause(n)	Arbeits-zeit	Über-stunden
Montag					
Dienstag					
Mittwoch					
Donnerstag					
Freitag					
Samstag					
Sonntag					
			Gesamtzeit:		

____
Unterschrift Arbeitgeber

____
Unterschrift Arbeitnehmer

Notizen / Bemerkungen:_______________________________________

____

*K = Krankheit   *U = Urlaub   *UU = unbezahlter Urlaub
*SA = Stundenweise abwesend   *SU = Stundenweise Urlaub   *F = Feiertag

Name: _______________________________

Personalnummer: _______________________________

Kalenderwoche: **Monat:**   **Jahr:**

Tag & Datum	Arbeits-beginn	Arbeits-ende	Pause(n)	Arbeits-zeit	Über-stunden
Montag					
Dienstag					
Mittwoch					
Donnerstag					
Freitag					
Samstag					
Sonntag					
			Gesamtzeit:		

____

Unterschrift Arbeitgeber

____

Unterschrift Arbeitnehmer

Notizen / Bemerkungen: _______________________________

____

*K = Krankheit
*SA = Stundenweise abwesend
*U = Urlaub
*SU = Stundenweise Urlaub
*UU = unbezahlter Urlaub
*F = Feiertag

Name: _______________________

Personalnummer: _______________________

Kalenderwoche: __________ **Monat:** __________ **Jahr:** __________

Tag & Datum	Arbeits-beginn	Arbeits-ende	Pause(n)	Arbeits-zeit	Über-stunden
Montag					
Dienstag					
Mittwoch					
Donnerstag					
Freitag					
Samstag					
Sonntag					
			Gesamtzeit:		

____
Unterschrift Arbeitgeber

____
Unterschrift Arbeitnehmer

Notizen / Bemerkungen: _______________________

____

*K = Krankheit   *U = Urlaub   *UU = unbezahlter Urlaub
*SA = Stundenweise abwesend   *SU = Stundenweise Urlaub   *F = Feiertag

Name: _______________________________

Personalnummer: _______________________________

Kalenderwoche: **Monat:**   **Jahr:**

Tag & Datum	Arbeits-beginn	Arbeits-ende	Pause(n)	Arbeits-zeit	Über-stunden
Montag					
Dienstag					
Mittwoch					
Donnerstag					
Freitag					
Samstag					
Sonntag					
			Gesamtzeit:		

____

Unterschrift Arbeitgeber

____

Unterschrift Arbeitnehmer

Notizen / Bemerkungen: _______________________________

____

*K = Krankheit
*SA = Stundenweise abwesend
*U = Urlaub
*SU = Stundenweise Urlaub
*UU = unbezahlter Urlaub
*F = Feiertag

Name: _______________________________

Personalnummer: _______________________

Kalenderwoche: **Monat:**   **Jahr:**

Tag & Datum	Arbeits-beginn	Arbeits-ende	Pause(n)	Arbeits-zeit	Über-stunden
Montag					
Dienstag					
Mittwoch					
Donnerstag					
Freitag					
Samstag					
Sonntag					
			Gesamtzeit:		

_______________________   _______________________
Unterschrift Arbeitgeber   Unterschrift Arbeitnehmer

Notizen / Bemerkungen: _______________________________________

____

*K = Krankheit   *U = Urlaub   *UU = unbezahlter Urlaub
*SA = Stundenweise abwesend *SU = Stundenweise Urlaub *F = Feiertag

Name: _______________________

Personalnummer: _______________________

Kalenderwoche: **Monat:**   **Jahr:**

Tag & Datum	Arbeits- beginn	Arbeits- ende	Pause(n)	Arbeits- zeit	Über- stunden
Montag					
Dienstag					
Mittwoch					
Donnerstag					
Freitag					
Samstag					
Sonntag					
			Gesamtzeit:		

_______________________   _______________________

Unterschrift Arbeitgeber   Unterschrift Arbeitnehmer

Notizen / Bemerkungen: _______________________

____

*K = Krankheit   *U = Urlaub   *UU = unbezahlter Urlaub
*SA = Stundenweise abwesend   *SU = Stundenweise Urlaub   *F = Feiertag

Name: _______________________

Personalnummer: _______________________

Kalenderwoche: **Monat:**   **Jahr:**

Tag & Datum	Arbeits-beginn	Arbeits-ende	Pause(n)	Arbeits-zeit	Über-stunden
Montag					
Dienstag					
Mittwoch					
Donnerstag					
Freitag					
Samstag					
Sonntag					
			Gesamtzeit:		

____
Unterschrift Arbeitgeber

____
Unterschrift Arbeitnehmer

Notizen / Bemerkungen: _______________________

____

*K = Krankheit   *U = Urlaub   *UU = unbezahlter Urlaub
*SA = Stundenweise abwesend   *SU = Stundenweise Urlaub   *F = Feiertag

Name: _______________________________

Personalnummer: _______________________________

Kalenderwoche: **Monat:**   **Jahr:**

Tag & Datum	Arbeits-beginn	Arbeits-ende	Pause(n)	Arbeits-zeit	Über-stunden
Montag					
Dienstag					
Mittwoch					
Donnerstag					
Freitag					
Samstag					
Sonntag					
			Gesamtzeit:		

____

Unterschrift Arbeitgeber

____

Unterschrift Arbeitnehmer

Notizen / Bemerkungen: _______________________________

____

*K = Krankheit
*SA = Stundenweise abwesend
*U = Urlaub
*SU = Stundenweise Urlaub
*UU = unbezahlter Urlaub
*F = Feiertag

Name:_______________________________

Personalnummer:_______________________

Kalenderwoche: Monat: Jahr:

Tag & Datum	Arbeits-beginn	Arbeits-ende	Pause(n)	Arbeits-zeit	Über-stunden
Montag					
Dienstag					
Mittwoch					
Donnerstag					
Freitag					
Samstag					
Sonntag					
			Gesamtzeit:		

____

Unterschrift Arbeitgeber

____

Unterschrift Arbeitnehmer

Notizen / Bemerkungen:
____

____

*K = Krankheit   *U = Urlaub   *UU = unbezahlter Urlaub
*SA = Stundenweise abwesend   *SU = Stundenweise Urlaub   *F = Feiertag

Name: _______________________________

Personalnummer: _______________________________

Kalenderwoche: **Monat:**   **Jahr:**

Tag & Datum	Arbeits-beginn	Arbeits-ende	Pause(n)	Arbeits-zeit	Über-stunden
Montag					
Dienstag					
Mittwoch					
Donnerstag					
Freitag					
Samstag					
Sonntag					
			Gesamtzeit:		

____
Unterschrift Arbeitgeber

____
Unterschrift Arbeitnehmer

Notizen / Bemerkungen: _______________________________

____

*K = Krankheit
*SA = Stundenweise abwesend
*U = Urlaub
*SU = Stundenweise Urlaub
*UU = unbezahlter Urlaub
*F = Feiertag

Name: _______________________________

Personalnummer: _______________________________

Kalenderwoche: **Monat:** **Jahr:**

Tag & Datum	Arbeits-beginn	Arbeits-ende	Pause(n)	Arbeits-zeit	Über-stunden
Montag					
Dienstag					
Mittwoch					
Donnerstag					
Freitag					
Samstag					
Sonntag					
			Gesamtzeit:		

____

Unterschrift Arbeitgeber

____

Unterschrift Arbeitnehmer

Notizen / Bemerkungen: _______________________________

____

*K = Krankheit
*SA = Stundenweise abwesend
*U = Urlaub
*SU = Stundenweise Urlaub
*UU = unbezahlter Urlaub
*F = Feiertag

ANFRATO DESIGNS